BEI GRIN MACHT SICH IHR
WISSEN BEZAHLT

- Wir veröffentlichen Ihre Hausarbeit,
  Bachelor- und Masterarbeit

- Ihr eigenes eBook und Buch -
  weltweit in allen wichtigen Shops

- Verdienen Sie an jedem Verkauf

Jetzt bei www.GRIN.com hochladen
und kostenlos publizieren

Lisa Müller

Prozent- und Zinsrechnung. Mathematik 8. Klasse Realschule

GRIN Verlag

Bibliografische Information der Deutschen Nationalbibliothek:

Die Deutsche Bibliothek verzeichnet diese Publikation in der Deutschen National-
bibliografie; detaillierte bibliografische Daten sind im Internet über http://dnb.d-
nb.de/ abrufbar.

Impressum:

Copyright © 2013 GRIN Verlag GmbH
Druck und Bindung: Books on Demand GmbH, Norderstedt Germany
ISBN: 978-3-656-57449-1

Dieses Buch bei GRIN:

http://www.grin.com/de/e-book/266700/prozent-und-zinsrechnung-mathematik-8-
klasse-realschule

GRIN - Your knowledge has value

Der GRIN Verlag publiziert seit 1998 wissenschaftliche Arbeiten von Studenten, Hochschullehrern und anderen Akademikern als eBook und gedrucktes Buch. Die Verlagswebsite www.grin.com ist die ideale Plattform zur Veröffentlichung von Hausarbeiten, Abschlussarbeiten, wissenschaftlichen Aufsätzen, Dissertationen und Fachbüchern.

Besuchen Sie uns im Internet:

http://www.grin.com/

http://www.facebook.com/grincom

http://www.twitter.com/grin_com

Unterrichtsentwurf

Lerngruppe: 8a

Fach: Mathematik

Thema der Unterrichtseinheit:

Prozent- und Zinsrechnung

Ziel der Unterrichtseinheit:

Die Schülerinnen und Schüler kennen die Prozent- und Zinsrechnung, berechnen die jeweiligen drei Grundgrößen und erstellen Balken-, Streifen- und Kreisdiagramme, rechnen mit dem vermehrten und verminderten Prozentwert, berechnen Tages- und Monatszinsen und wenden diese in Sachaufgaben an.

Thema der Stunde:

Das „Rechendreieck" bei der Zinsrechnung mit Jahreszinsen

Inhaltsbezogener Kompetenzbereich:

Zahlen und Operationen: Die Schülerinnen und Schüler verwenden Prozent- und Zinsrechnung sachgerecht. (vgl. KC, S. 27)

Prozessbezogener Kompetenzbereich:

Kommunizieren: Die Schülerinnen und Schüler erläutern ihren Mitschülerinnen und Mitschülern ihre Überlegungen, die zur Lösung geführt haben. (vgl. KC, S. 20)

Zielsetzung der Stunde:

Die Schülerinnen und Schüler kennen die Formeln zur Berechnung von Jahreszinsen und können sie auf einfache (Sach-)Aufgaben anwenden, indem sie sich das „Rechendreieck" in Partnerarbeit selbst erarbeiten und Übungsaufgaben bearbeiten.

Inhaltsbezogene Teilschritte zur Kompetenzerweiterung:

Die Schülerinnen und Schüler,...

- ...festigen ihr Wissen aus der letzten Stunde, indem sie die Begriffe „Kapital"; „Zinsen", und „Zinssatz" den gegebenen Größen eines Textes zuordnen.

- ...kennen das „Rechendreieck" der Zinsrechnung, indem sie die Analogie zur Prozentrechnung nutzen und in einer Partnerarbeit sich das „Rechendreieck" durch Überlegungen erarbeiten.

- ...kennen die Formeln der Zinsrechnung, indem sie das „Rechendreieck" nutzen und auf einfach (Sach-)Aufgaben anwenden.

- ...ordnen die Zinsrechnung als spezielle Anwendung der Prozentrechnung ein, indem sie Analogien zwischen den jeweiligen „Rechendreiecken" und Formeln nutzen.

Prozessbezogene Teilschritte zur Kompetenzerweiterung:

Die Schülerinnen und Schüler,...

- ...überprüfen ihre Ergebnisse aus den Zuordnungen, indem sie sie mit ihrem Sitznachbarn vergleichen und ihre Lösungen erläutern. (Kommunikationskompetenz)

- ...in Partnerarbeit finden sie das „Rechendreieck" zur Zinsrechnung. (Sozialkompetenz)

Stellung der Stunde in der Einheit:

Stunde	Thema der Stunde	Ziel der Stunde: Die Schülerinnen und Schüler...
1. Stunde	Begriffe sowie das „Rechendreieck" bei der Prozentrechnung	...können Begriffe sowie das Verfahren der Prozentrechnung erklären und es auf einfache Aufgaben anwenden.
2. Stunde	Anwendung und Übung der Prozentrechnung	...können das Verfahren der Prozentrechnung in (Sach-)Aufgaben anwenden.
3. Stunde	Balken-, Streifen- und Kreisdiagramme	...können Sachverhalte der Prozentrechnung aus Grafiken ablesen und eigenständig grafisch darstellen.
4. Stunde	Einführung des vermehrten bzw. verminderten Prozentwerts	...können das Verfahren des vermehrten bzw. verminderten Prozentwerts erklären und es auf einfach Aufgaben anwenden.
5. Stunde	Anwendung und Übung des vermehrten bzw. verminderten Prozentwerts	...können das Verfahren des vermehrten bzw. verminderten Prozentwerts in (Sach-)Aufgaben anwenden.
6. Stunde	Einführung der Zinsrechnung	...wissen, dass die Zinsrechnung eine spezielle Anwendung der Prozentrechnung ist und kennen die Begriffe Kapital", „Zinsen" und „Zinssatz".
7. Stunde	**Das „Rechendreieck" bei der Zinsrechnung mit Jahreszinsen**	**...kennen die Formeln zur Berechnung von Jahreszinsen und können sie auf einfache (Sach-)Aufgaben anwenden.**
8. Stunde	Sachaufgaben zur Zinsrechnung bei Jahreszinsen	...festigen die Anwendungen der Zinsrechnung bei Sachaufgaben.
9. Stunde	Einführung der Monats- und Tageszinsen	...können das Verfahren der Monats- und Tageszinsen erklären und es auf einfach Aufgaben anwenden.
10.Stunde	Anwendung und Übung der Monats- und Tageszinsen	...können das Verfahren der Monats- und Tageszinsen in (Sach-)aufgaben anwenden.
11.Stunde	Prozent- und Zinsrechnung: Lerntheke	...festigen ihre Kenntnisse zur Prozent- und Zinsrechnung in Form einer Lerntheke.

1. Lerngruppe und Rahmenbedingungen

2. Sachanalyse

Um absolute Größenverhältnisse vergleichbar zu machen und zu veranschaulichen, werden häufig Prozentangaben in Anspruch genommen. Dabei werden die Größen ins Verhältnis gesetzt mit einem einheitlichen Bezugswert (Vergleichzahl 100). Prozentangaben werden durch das Symbol „%" gekennzeichnet. Als Grundwert G bezeichnet immer die in absoluten Zahlen ausgedrückte Gesamtmenge. Mit W ist der Prozentwert gemeint, welcher den absoluten Anteil von einer Menge darstellt. Das Verhältnis von W zu G entspricht dem Prozentsatz p%. Es gilt folgende

Grundgleichung der Prozentrechnung: $p\% = \dfrac{W}{G}$

Durch Umformen der Grundgleichung erhält man die Gleichungen zur Berechnung des

Prozentwerts und des Grundwerts. $W = G * p\% = G * \dfrac{p}{100}$ und $G = \dfrac{W}{p}$

Eine der wesentlichen Anwendungen der Prozentrechnung ist die Zinsrechnung, welche sich nur auf das Rechnen mit Geldwerten bezieht. Aus diesem Grunde können die Begriffe und die Formeln der Zinsrechnung der Prozentrechnung zugeordnet werden.

Prozentrechnung:	Grundwert G	Prozentsatz p%	Prozentwert W	$W = G*p\%$
	⇩	⇩	⇩	⇩
Zinsrechnung:	Kapital K	Zinssatz p%	Zinsen Z	$Z = K*p\%$

Die Zinsrechnung erweitert die Prozentrechnung um den Zeitfaktor. In den genannten Berechnungen bezieht sich der Zinssatz p immer auf den Zeitraum eines Jahres, abgekürzt p.a..[1]

3. Didaktische Reduktion

In der 7.Klasse haben die SuS das „Rechendreieck" zur Prozentrechnung kennengelernt, welches das Herleiten der drei Formeln vereinfacht. Zur Erleichterung bei der Umstellung der Formeln, wurde das „Rechendreieck" zur Wiederholung der Prozentrechnung in den letzten Stunden genutzt. Anwendbar ist es auch auf die Zinsrechnung mit Jahreszinsen und sieht folgendermaßen aus:

Durch das Zuhalten des gesuchten Wertes, lässt sich die jeweilige Formel erkennen. Der Querstrich stellt einen Bruchstrich dar. Die senkrechte Linie ein Multiplikationszeichen. Zu Beachten ist hierbei, dass die Zinsen Z immer oben stehen.

Der Zeitfaktor in der Zinsrechnung soll diese Stunde nicht behandelt werden, sondern ausschließlich die Berechnung von Jahreszinsen, damit die SuS eine Grundlage für weitere Verfahren zu schaffen.

4. Didaktischer Begründungszusammenhang

Die Prozent- und Zinsrechnung ist eines der bedeutendsten mathematischen Themen für die Lebenswelt der SuS. Dazu zählen nicht nur zukünftige berufliche Bereiche wie den der Finanzmathematik, sondern vor allem die Bereiche des alltäglichen Lebens der SuS, in denen sie mit Prozenten und Zinsen konfrontiert werden. Sei es ein Sparkonto, auf das man Zinsen bekommt, eine Ratenzahlung bei einem Auto, Sonderangebote in Einkaufsläden, ein Schaubild in einer Zeitschrift, die man liest, oder in einer anderen Form. In all diesen alltäglichen Situationen muss man sich mit Prozenten und Zinsen auseinandersetzen. Daher ist es besonders bei diesem Bildungsinhalt wichtig nicht die innermathematischen Formalismen in den Vordergrund zu stellen, sondern ihn vor allem mit praxisorientierten Anwendungsbeispielen und Modellierung zu verdeutlichen.[2] Prozent- und Zinsrechnung sind innermathematisch relevant, da sie eng mit der

---

1 vgl. Rolles: Duden Mathematik. Basiswissen Schule.
2 vgl. Dedlmar et al. Schnittpunkt Mathematik 8. Mathematik für Realschulen Niedersachsen. Serviceband

Bruchrechnung verknüpft sind. Außerdem sind sie auch für Berechnung von Dreisatz und proportionalen Zuordnungen sehr bedeutsam.

Im Kerncurriculum des Faches Mathematik lässt sich die Prozent- und Zinsrechnung in den Kompetenzbereich Zahlen und Operationen einordnen: Die Kompetenz, die Prozent- und Zinsrechnung sachgerecht zu verwenden, ist hier verankert (vgl. KC, S. 27). Da im zukünftigen Mathematikunterricht das Thema Zinseszins behandelt wird, ist die Prozent- und Zinsrechnung eine notwendige Grundlage. Besonders die Behandlung der Formeln und deren Anwendung sind elementar für die weitere Auseinandersetzung mit dem Thema Zinsrechnung.

5. Aufgabenanalyse

Da das Verfahren der Zinsrechnung mit Jahreszinsen in dieser Stunde eingeführt wird, soll bei den Aufgaben das Lösen der Formeln und somit das Üben im Vordergrund stehen. Übungen sind unerlässlich für das Sichern des Gelernten und zum Vernetzen von Wissen. Auch Vollrath betont die Notwendigkeit des Übens: „Die Beherrschung von Verfahren ist nur durch Üben zu erreichen. Komplexe Verfahren sind schrittweise zu erarbeiten: Erst wenn ein Schritt beherrscht wird, darf man zum Nächsten übergehen."[3] Daher wird die Zinsrechnung auf dem Arbeitsblatt in verschiedenen Kontexten behandelt, womit gleichzeitig der Schwierigkeitsgrad steigt.

In den geschlossenen Aufgaben 1 und 2 steht das Üben und Festigen der Algorithmen zur Berechnung der drei Grundgrößen der Zinsrechnung im Mittelpunkt. „Derartige Aufgaben ermöglichen es den SuS, in vertrauten Bahnen Fähigkeiten und Fertigkeiten zu trainieren und so auf dieser Basis auch mathematische Kompetenzen"[4], wie Rechen- und Verfahrensfertigkeiten, zu erwerben.Da hier zum ersten Mal die Zinsrechnung angewandt wird, sind die Aufgaben dem Anforderungsbereichs I angepasst. Besonders Aufgabe 1 konzentriert sich ausschließlich auf die Anwendung des Rechendreiecks und der Formeln. Sie enthält keine überflüssigen Angaben und die SuS müssen keine Informationen aus Textaufgaben herausarbeiten. Als Hilfestellung dient hier die Form der Tabelle. Für diese Aufgabe müssen die SuS das „Rechendreieck" sowie die Formeln der Zinsrechnung beherrschen. Um Aufgabe 2 zu bearbeiten ist außerdem die Kenntnis über die Begriffe der Zinsrechnung notwendig, da diese und die dazugehörigen Werte erst einmal aus der Aussage herausgesucht werden müssen. Eine Hilfestellung in 2 findet durch die Aufgaben a-c statt durch die Angabe des gesuchten Wertes.

Die Nachhaltigkeit des Erübten ist allerdings keineswegs gewährleistet, wenn das Erlernte allein mechanisch-rezepthaft angewendet wird, daher wird die Zinsrechnung in Aufgabe 3 und 4 in einen anderen Kontext eingebunden. Das Anwenden in unterschiedlichen Kontexten hat das Ziel, Fertigkeiten zu flexibiliseren und Kenntnisse zu vernetzen. Zentral ist hier nun das Anwenden der Zinsrechnung auf Sachaufgaben. In Aufgabe 3 müssen die SuS erst einmal die Informationen aus dem Text heraussuchen, um sie dann mittels der Zinsrechnung zu lösen. Die Schwierigkeit hierbei besteht darin, dass die Begriffe „Kapital" und „Zinsen" nicht explizit genannt werden. Zur

---

3 vgl. Vollrath: Grundlagen des Mathematikunterrichts in der Sekundarstufe. Spektrum. S. 250.
4 Blum: Bildungsstandards Mathematik: konkret. S.178.

Umsetzung erhalten die SuS hierbei keine konkrete Hilfe, können sich aber immer wieder auf den Merksatz in ihrem Heft beziehen. Aufgabe 4 erhöht das Niveau der Modellierungen. Die zusätzlichen Schwierigkeiten ergeben sich beim Verstehen des Textes und beim Übersetzen der Realsituation in das mathematische Modell.[5]

Eine Schwierigkeit bei der Bearbeitung des Arbeitsblattes, wird die Berechnung der Division sowie das Umwandeln der Prozentangabe in einen Bruch oder eine Dezimalzahl sein. Dies hat sich in den letzten Stunden herausgestellt. Aus diesem Grund sind die Werte in Aufgabe 1 und 3 einfacher gehalten.

In der Zusatzaufgabe sollen die SuS eigene Textaufgaben zur Zinsrechnung erstellen. Dabei orientieren sie sich an den Aufgaben auf dem Arbeitsblatt. Es findet eine Förderung des kreativen Arbeitens statt und der Lernstoff wird noch einmal aus einem ganz anderen Kontext betrachtet.

6. Inhalts- und aufgabenspezifische Lernausgangslage

Schon im 6. Jahrgang lernen die SuS, Hundertstelbrüche in Prozenten auszudrücken sowie Prozentangaben als Hunderstelbrüche zu verstehen. In der 7. Jahrgangsstufe erwerben sie dann die Kenntnisse und Fähigkeiten um Prozentwerte, Prozentsätze, Grundwerte mit der Formel der Prozentrechnung oder dem Dreisatz zu berechnen und erstellen und interpretieren verschiedene Diagrammtypen. Diese Lerngruppe hat außerdem das „Rechendreieck" zur Prozentrechnung kennengelernt.[6] In den vorangegangenen Unterrichtsstunden haben die SuS neben der Wiederholung von Begriffen und Formeln der Prozentrechnung auch den vermehrten bzw. verminderten Grundwert behandelt. Das Thema Zinsrechnung ist den SuS aus der vorherigen Stunde bekannt, in der sie den Alltagsbezug herstellten und die grundlegenden Begriffe der Zinsrechnung kennenlernten. Das Zuordnen der Begriffe im Einstieg dient lediglich als Wiederholung. Wichtig für die Behandlung der Prozent- sowie Zinsrechnung sind die Kenntnisse und Fähigkeiten zur Bruchrechnung und zur elementaren Algebra, da die SuS Prozente in Brüche oder Dezimalbrüche müssen. Die Auseinandersetzung mit dem „Rechendreieck" und den Formeln der Zinsrechnung stehen in der vorliegenden Unterrichtsstunde im Mittelpunkt. Durch unterschiedliche Phasen erarbeiten sich die SuS das Verfahren zur Zinsrechnung mit Jahreszinsen und wenden es auf Aufgaben mit verschiedenen Schwierigkeitsgraden an.

7. Methodischer Begründungszusammenhang

Die vorliegende Unterrichtsstunde lässt einen viergliedrigen Aufbau erkennen: Einstieg, Erarbeitung, Sicherung und Übungsphase. Die Sozialformen: Unterrichtsgespräch sowie Einzel- und Partnerarbeit. Die Motivation der SuS wird durch den Wechsel der Phasen sowie der Sozialformen erhalten. In der Begrüßungsphase wird das heutige Stundenziel sowie die Unterrichtsplanung für die SuS transparent durch Visualisierung an der Tafel und Erläuterungen des Lehrers.

---

5   vgl. Blum, Bildungsstandards Mathematik: konkret.
6   siehe Didaktische Reduktion

Die Einstiegsphase dient als Wiederholung und Festigung des Lernstoffes der letzten Stunde, in welcher die SuS die Zinsrechnung als spezielle Anwendung der Prozentrechnung sowie die Begriffe „Kapital", „Zinsen" und „Zinssatz" kennenlernten. Festigung findet durch Zuordnen der Begriffe zu gegebenen Werten einer Sachsituation statt. Damit die SUS ihre individuellen Leistungsstände einschätzen zu können, findet das Bearbeiten der Aufgaben in Einzelarbeit statt. Diese Phase dient dazu, dass die SuS ihre individuellen Leistungsstände überprüfen können, daher arbeiten sie in Einzelarbeit. Alternativ dazu die Aufgaben von einer Folie zu präsentieren, wäre ein Arbeitsblatt auszugeben. Da hier jedoch nur eine Wiederholung stattfindet und die SuS die grundlegenden Begriffe und Erklärungen bereits in ihrem Heft haben, ist diese Methode schneller und effizienter. Zur Kontrolle nutzen die SuS die Sozialform der Partnerarbeit, indem sie ihre Lösungen mit ihrem Sitznachbarn vergleichen. Im Plenum werden die Aufgaben lediglich auf Nachfragen besprochen, um Verständnisprobleme zu klären.

In der anschließenden Erarbeitungsphase erstellen die SuS in Partnerarbeit das „Rechendreieck" zur Zinsrechnung. Das „Rechendreieck" der Prozentrechnung ist ihnen bekannt, sie nutzen ihr vorhandenes Wissen und die Analogie zur Prozentrechnung um das „Rechendreieck" der Zinsrechnung zu erarbeiten. Die Partnerarbeit ist hier sinnvoll, weil sich die SuS Gelerntes auf Neues anwenden sollen und einige SuS dabei vielleicht Unterstützung brauchen wie beispielsweise .... Außerdem soll in dieser Stunde das kooperative Lernen gefordert und gefördert werden sowie eine konstruktive Kommunikation zwischen den SuS über Lösungswege und Vorgehensweisen erreicht werden. In den Partnergruppen finden sich die Sitznachbarn aus der vorherigen Phase wieder zusammen. Alternativ wäre eine Gruppenarbeit möglich gewesen. Der Zeitaufwand und die Organisation von Gruppentischen etc. sind jedoch zu hoch. Die Lösungen werden auf einer vorgefertigten Dreieckskarte notiert, welche dann in die Mitte des Raumes gelegt wird.

Nun werden die Ergebnisse in der Sicherungsphase innerhalb eines Unterrichtsgespräches besprochen. Auf die Präsentation jeder Partnergruppe wird hier verzichtet, da mit gleichen Resultaten zu rechnen ist und die Ergebnissicherung unverhältnismäßig lang werden würde. Um jedoch die Partnerarbeit zu würdigen, werden die Dreieckskarten, für alle sichtbar, in die Mitte des Raumes gelegt. Drei SuS untersuchen die Dreieckskarten nach Ausnahmen und finden das korrekte „Rechendreieck", welches an der Tafel notiert wird. Aufgrund der Organisation, wird darauf verzichtet, dass alle Lernenden die Karten genauer betrachten. Zudem zeigen sie keine neuen Aspekte auf, die nicht schon an der Tafel stehen würden. Die von den SuS gefundenen Ausnahmen, werden von der jeweiligen Partnergruppe erläutert und im Plenum besprochen. Anschließend wird ein SuS dazu aufgefordert die Vorgehensweise zu verbalisieren und zu begründen, warum das „Rechendreieck" der Zinsrechnung so aussieht. Durch das Verbalisieren der Vorgehensweise und das Visualisieren an der Tafel kann den SuS geholfen werden, die noch keine Verfahren entwickelt haben. Anhand des „Rechendreiecks" werden nun die drei Formeln zur Berechnung von Jahreszinsen im Plenum erarbeitet, besprochen und vom Lehrer an die Tafel geschrieben. Anschließend übernehmen die SuS das Tafelbild in ihre Hefte und kennzeichnen es als Merksatz. Die Sozialform Unterrichtsgespräch ist in dieser Phase sinnvoll eingesetzt, weil somit das Gespräch gelenkt werden kann, mögliche Fehlvorstellungen behoben und Fachbegriffe mit eingebracht werden.

Für die Übungsphase ist das hier erarbeitende Wissen grundlegend, da die Kenntnisse nun auf verschiedene Aufgabenformate angewandt werden sollen. Dabei achten die SuS darauf, sich an die aus der Prozentrechnung vereinbarten Arbeitsschritte(Gegeben, Gesucht, Lösung) zu halten. Durch die Einzelarbeit können die SuS nach ihrem individuellen Arbeitstempo arbeiten. Lösungsvergleich dieser Aufgaben erfolgt durch Selbstkontrolle, da dies im Sinne des eigenständigen Arbeitens und verantwortungsvollem Lernen ist . Zudem können aus Zeitgründen nicht alle Aufgaben verglichen werden. Anhand von Musterlösungen, die verdeckt an der Tafel und der hinteren Tür hängen, können die SuS ihre Ergebnisse kontrollieren. Wann sie dies tun, bleibt ihnen überlassen. Der Lehrer steht in der Übungsphase beratend zur Verfügung.

Drei Minuten sind für den Abschluss berücksichtigt, in dem die SuS Zeit haben ihre Arbeitsblätter einzukleben, der Lehrer organisatorische Einzelheiten klären kann und die SuS in die Pause verabschiedet werden können.

Die didaktische Reserve enthält eine Zusatzaufgabe, die sich in einem Briefumschlag auf dem Lehrerpult befindet. Den SuS ist dieses Verfahren bereits bekannt. Nach Beendigung der Aufgaben aus der Übungsphase und der Kontrolle, können sie die Zusatzaufgabe abholen. Da das Arbeitstempo der SuS sehr heterogen ist, findet die didaktische Reserve in Form der Einzelarbeit statt.

Literaturverzeichnis

Barzel, B.; Büchter, A.; Leuders, T.: Mathematik Methodik. Handbuch für die Sekundarstufe I und II. Cornelson. Berlin 2007.

Blum, Werner et al.: Bildungsstandards Mathematik: konkret. Sekundarstufe I: Aufgabenbeispiele, Unterrichtsanregungen, Fortbildungsideen. Cornelson. Berlin 2006.

Dedlmar, Rainer et al. Schnittpunkt Mathematik 8. Mathematik für Realschulen Niedersachsen. Serviceband. Ernst Klett Verlag, Stuttgart 2007.

Maroska, Rainer et al. Schnittpunkt 8. Mathematik für Realschulen Niedersachsen. Ernst Klett Verlag, Stuttgart 2007.

Meyer, Dirk: Zeitschrift Kohls Mathe-Trainer. Zinsrechnung. Kohl-Verlag. 2.Auflage. Kerpen 2008.

Rolles, Günther (Hrsg.) et. al.: Basiswissen Schule – Mathematik. Duden. Mannheim, Berlin. 2008

Niedersächsisches Kultusministerium (NK): Kerncurriculum für die Realschule. Schuljahrgänge 5-10 Mathematik.

Rolles, Günther: Duden Mathematik. Basiswissen Schule. 3.Auflage. Brockhaus. Mannheim 2008.

Vollrath, Hans-Joachim: Grundlagen des Mathematikunterrichts in der Sekundarstufe. Spektrum. Heidelberg, Berlin 2001.

Begriffe aus der Zinsrechnung

Aufgabe: Ordne den Werten die passenden Begriffe aus der Zinsrechnung zu und schreibe sie in dein Heft!

a)   Zu einem Satz von 8% legt Frau Meisner 1.500 € als Festgeld bei der Bank an. Nach einem Jahr erhält sie 120 €.

b)   Herr Meyer zahlt nach einem Jahr einen Kredit in Höhe von 10.000 € zurück. Das Geld wurde mit 7,5 % verzinst, also zahlt er zusätzlich 750 €.

c)   Das Sparguthaben von Herrn Klug beläuft sich auf 8.400 €. Bei einer Verzinsung von 4,5 %, bekommt er nach einem Jahr 378 €.

Arbeitsblatt zur Zinsrechnung mit Jahreszinsen

1) Berechne die fehlende Größe im Heft.

	a)	b)	c)
Kapital	6.000 €	5.000 €	
Zinsen		250 €	33 €
Zinssatz	3%		2%

2) Berechne die fehlende Größe im Heft.

a) Ein Kapital von 7.500 € wird zu einem Zinssatz von 3,7% angelegt. Berechne die Jahreszinsen.

b) Ein Kapital bringt bei einem Zinssatz von 4% in einem Jahr 30 € Zinsen. Berechne das Kapital.

c) Ein Kapital von 6.000 € bringt nach Ablauf eines Jahres 78 € Zinsen. Berechne den Zinssatz.

d) Ein Kapital von 3.250 € wird mit 2,7% verzinst.

3) Sabrina hat bei der Bank ein Sparbuch angelegt mit 800 €. Der Zinssatz für das Sparkonto beträgt 2%. Wieviel € bekommt Sabrina am Ende des Jahres insgesamt ausbezahlt, wenn sie das Sparbuch auflöst?

4) Frau Mahle möchte sich Geld leihen, um sich ein neues Auto zu kaufen. Ihre Nachbarin hat bei der Eurobank für 15.000€ bei einer Dauer von 1 Jahr 1.275€ Zinsen bezahlt. Ihr Geschäftskollege hat sich ebenfalls für ein Jahr bei der Stadtbank 20.000€ geliehen und musste dafür 1.800€ Zinsen bezahlen. Bei ihrer Firma könnte sie 10.000€ ein Jahr lang für 875€ Zinsen leihen.

a) Schätze ohne zu rechnen, bei welchem Angebot Frau Mahle am günstigsten wegkommt.

b) Für welches Angebot soll sie sich entscheiden? Begründe deine Antwort.

c) Berechne beim günstigsten Angebot die Zinsen für 10.000€ in einem Jahr.

LÖSUNG
Arbeitsblatt zur Zinsrechnung mit Jahreszinsen
1) Berechne die fehlende Größe im Heft.

	a)	*b)*	*c)*
Kapital	6.000 €	5.000 €	**1.650 €**
Zinsen	**180 €**	250 €	33 €
Zinssatz	3%	**5%**	2%

2) Berechne die fehlende Größe im Heft.

a) Ein Kapital von 7.500 € wird zu einem Zinssatz von 3,7% angelegt. Berechne die Jahreszinsen.   **Z = 277,50€**

b) Ein Kapital bringt bei einem Zinssatz von 4% in einem Jahr 30€ Zinsen. Berechne das Kapital.   **K = 750€**

c) Ein Kapital von 6.000 € bringt nach Ablauf eines Jahres 78 € Zinsen.

Berechne den Zinssatz.   **P% = 1,3%**

d) Ein Kapital von 3.250 € wird mit 2,7% verzinst.

Z = 87,75 €

3) Sabrina hat bei der Bank ein Sparbuch angelegt mit 800 €. Der Zinssatz für das Sparkonto beträgt 2%. Wieviel € bekommt Sabrina am Ende des Jahres insgesamt ausbezahlt, wenn sie das Sparbuch auflöst?

Antwortsatz: Sabrina bekommt nach einem Jahr 16 € Zinsen. Insgesamt erhält sie also 816€ nach einem Jahr.

4) Frau Mahle möchte sich Geld leihen, um sich ein neues Auto zu kaufen. Ihre Nachbarin hat bei der Eurobank für 15.000€ bei einer Dauer von 1 Jahr 1.275€ Zinsen bezahlt. Ihr Geschäftskollege hat sich ebenfalls für ein Jahr bei der Stadtbank 20.000€ geliehen und musste dafür 1.800€ Zinsen bezahlen. Bei ihrer Firma könnte sie 10.000€ ein Jahr lang für 875€ Zinsen leihen.

a) Schätze ohne zu rechnen, bei welchem Angebot Frau Mahle am günstigsten wegkommt.

Hier sollten deine eigenen Überlegungen stehen!

b) Für welches Angebot soll sie sich entscheiden? Begründe deine Antwort.

Eurobank: p% = 8,5%

Stadtbank: p% = 9%

Firma: p% = 8,75%

Frau Mahle sollte sich für die entscheiden, da dort der Zinssatz mit 8,5% am geringsten ist.

c) Berechne beim günstigsten Angebot die Zinsen für 10.000 € in einem Jahr.

Die Jahreszinsen bei einem Zinssatz von 8,5% betragen 850 €.

Zusatzaufgabe

Überlege dir sowohl leichte wie auch schwere Textaufgaben zur Zinsrechnung! Dabei kannst du dich an den Aufgaben auf dem Arbeitsblatt orientieren. Erstelle außerdem ein Lösungsblatt dazu.

Verlaufsübersicht

Zeit	Phase	Unterrichtsgeschehen	Methodisch-didaktischer Kommentar	Sozialform	Material/Medien
07.45 – 07.50 Uhr		• Begrüßung und Vorstellung der Gäste • Lehrer stellt die Stundenplanung sowie das Stundenziel vor	Verlaufs- und Zieltransparenz werden gewährleistet.		Tafel
07.50 – 07.57 Uhr	Einstieg	• SuS ordnen die Begriffe der Zinsrechnung den vorgegebenen Werten einer Sachsituation zu • SuS überprüfen ihre Ergebnisse, indem sie sie mit ihrem Nachbarn vergleichen und ihre Lösungen erläutern	Motivierender Einstieg, in dem die SuS ihre vorhandenes Wissen aus letzter Stunde festigen. Durch Nachfragen können Verständnisprobleme geklärt werden.	Einzelarbeit / Partnerarbeit	Folie, OVP Heft
07.57 – 08.02 Uhr	Erarbeitung	• SuS erstellen in Partnerarbeit das „Rechendreieck" für die Zinsrechnung • SuS legen ihre Dreieckskarte in die Mitte des Raumes	SuS erstellen das „Rechendreieck", indem sie die Analogie zur Prozentrechnung nutzen und auf vorhandenes Wissen zurückgreifen.	Partnerarbeit	Dreieckskarte
08.02 – 08.12 Uhr	Sicherung	• 3 SuS untersuchen die in der Mitte liegenden Dreieckskarten nach Abweichungen • 1 SuS erläutert die korrekte Lösung • SuS finden mit Hilfe des „Rechendreiecks" die drei Formeln der Zinsrechnung mit Jahreszinsen • Lehrer notiert „Rechendreieck" und Formeln als Tafelbild, welches die SuS in ihr Heft übernehmen	Lösungsabweichungen werden von der jeweiligen Gruppe erläutert und im Plenum besprochen. SuS knüpfen an vorhandenes Wissen an.	Unterrichtsgespräch	Dreieckskarte Hefte
08.12 – 08.27 Uhr	Übung	• SuS wenden die Formeln der Zinsrechnung auf einfache (Sach-)Aufgaben an • SuS überprüfen ihre Ergebnisse, indem sie sie auf den Lösungen vergleichen, die auf einem Lösungsblatt an der Tafel/Tür stehen	SuS wenden das eben Gelernte an und festigen es.	Einzelarbeit	Arbeitsblatt Lösungsblatt Tafel

08.27 – 08.30 Uhr	Abschluss	• SuS kleben das Arbeitsblatt in ihre Heft • Lehrer klärt Organisatorisches und verabschiedet SuS			

	Didaktische
	Reserve
		• SuS erstellen eigene Aufgaben zu dem
		  heute Gelernten in Form einer
		  Aufgabenkartei S.60
			Die Zusatzaufgabe befindet sich in
			einem Briefumschlag, den sich die
			SuS nach Beendigung der
			Übungsphase abholen können.
				Einzelarbeit	Zusatzaufgabe